AF532558

Christoph Schraven

Faszination
FASAN

Österreichischer Jagd- und Fischerei-Verlag

Christoph Schraven

Faszination

FASAN

Österreichischer Jagd- und Fischerei-Verlag

Fotos und Text: Christoph Schraven
Fotos Fasanenbälge:
aus Museum Tring (UK);
2 Fotos: James Pfarr (USA)

Layout: Sandra Bichler
Background vocals: Michael Sternath

Verlagsassistenz und Sekretariat: Angela Pleyel
Vertriebsleitung: Hermann Striednig

Repro: Blaupapier, Wien

Gesamtherstellung: Druckerei Theiss, Sankt Stefan im Lavanttal

ISBN 978-3-85208-140-3

Inhalt

Wie es dazu kam

Bereits vor Jahrzehnten, noch ein Kind, erweckte der Jagdfasan schon mein Interesse. Dies blieb auch meinem familiären Umfeld nicht verborgen. Also schenkte mir mein Onkel eine Tenebrosus-Henne, mit der meine „Fasanenzucht" begann. Als Schüler kam ich zu spät in die Schule, weil ich mit der Hand einen Jagdfasan gefangen hatte und diesen für „meine Zucht" erst nach Hause brachte. So begleitete mich der Jagdfasan bereits in jungen Jahren. Die Aufzucht, das Sammeln von Federn und die Beobachtung lebender Fasane in freier Wildbahn haben mich immer fasziniert. Ich sah, wie die Henne regelmäßig mit ihren Küken spricht und umgekehrt. Unterschiedliche Warnrufe zeigen genau an, welche Gefahr besteht und bereitet die Küken so auf das Leben in der Natur vor. Bei Haarraubwild warnt die Henne mit einem lauten schreckhaften Piepen. Dies kann dazu führen, dass der Hahn zu Hilfe eilt. Gefahr aus der Luft wird mit leisen Warnrufen angezeigt. Bei Gefahr laufen die Küken auseinander und verstecken sich, später suchen sie mit lautem „Ziep, Ziep, Ziep" die Henne.

Schon vor langem begann ich, Fotos von Jagdfasanen zu machen. Der Vogel faszinierte mich einfach. Er war so gut wie mein einziges Fotomotiv. Ob beim Radfahren oder im Auto: Die Kamera war immer dabei. Schließlich verdrängte das Fotografieren sogar immer öfter die Jagd, und bei vielen Treibjagden führte ich die Kamera statt der Flinte. Immer mehr Bilder entstanden so im Laufe der Jahre, es sind mittlerweile etliche Tausend. Eine kleine Auswahl davon findet sich in diesem Buch.

Das Buch will zeigen, wie und wovon der Fasan lebt, will einmalige Beobachtungen festhalten, will Ursachen aufzeigen, warum die Besätze zurückgehen, will zeigen, was man dagegen tun kann, und es will auch die Jagd auf den Fasan zeigen. Vor allem will das Buch aber eines: Zeigen, welch unglaubliche Faszination von diesem bunten Vogel ausgeht.

Christoph Schraven

Fressen, Fliegen, Federohren

Vom Leben des Fasans

Die Wissenschaft ordnet den Jagdfasan wie folgt ein: Er gehört zur Ordnung der Hühnervögel, dort wiederum zur Familie der Fasanenartigen und hier wiederum zur Unterfamilie der Fasane.

Der Speisezettel des Jagdfasans ist äußerst vielseitig. Je nach Jahreszeit ist der Anteil an Sämereien oder tierischer Nahrung verschieden. Im Winter überwiegen wilde Samen, im Sommer tierische Nahrung. Während die Hennen im Frühling nach Nahrung suchen, hält der Hahn Wache. So haben die Hennen wesentlich mehr Zeit für die Nahrungsaufnahme, als wenn kein Männchen in der Nähe wäre. Auf diese Art und Weise können sie jene Reserven aufbauen, die sie für Eiablage und Brut brauchen.

Besonders im Kükenalter ist der Fasan auf kleine Insekten angewiesen. Als Nestflüchter ist er bereits in den ersten Lebensstunden in der Lage, selbständig Nahrung zu finden und aufzunehmen. Die Küken benötigen neben ausreichender Wärme eine abwechslungsreiche Insektennahrung, damit sie sich gut entwickeln können. Ökologische Vorrangflächen an Feldrändern und Brachen bilden dazu den idealen Lebensraum, am besten in einer vielfältigen und kleinparzelligen Landschaft. Mit zunehmendem Alter wird der Insekten-Anteil in der Nahrung geringer, dann werden gerne Wildkräutersamen und allerlei Grünpflanzen vertilgt. Neben Beeren verzehren Fasane auch Knollen, Gemüse und Früchte, ja selbst Eicheln und sogar Mäuse.

Im Winter ist der Fasan weniger anspruchsvoll und nimmt bei geschlossener Schneedecke auch gerne eine Fütterung an, da er im Winter auf Körner angewiesen ist. Wenn man aber füttert, dann muss die Anlage so sicher vor Raubwild stehen, dass sie für die Vögel nicht zur Falle wird.

Den Hauptteil seiner Zeit verbringt er pickend mit der Nahrungssuche.

Zum gesunden Leben gehören für den Fasan auch Staubbäder und eine ausgiebige tägliche Federreinigung. Auch muss der Fasan kleine Steine in großer Anzahl aufnehmen können. Diese Magensteinchen dienen der Verdauung.

Fasane lieben die Morgensonne. Deshalb suchen die Tiere in der Früh gerne sonnige Plätze auf.

Ein Vogel hat keine Schweißdrüsen. Bei warmem Wetter verschafft er sich Kühlung durch „Lüften“ der Flügel und durch Hecheln, welches zur Wasserverdunstung führt.

Der Jagdfasan, auch „Edelfasan“ genannt, sieht ausgezeichnet. Als Fluchttier hat er ein weites Gesichtsfeld und kann mit seinen seitlich stehenden Augen auch nach hinten und oben schauen. Greifvögel in der Luft und Feinde auf dem Boden werden meist schnell entdeckt, dieses Verhalten ist angeboren. Besonders im Nahbereich verfügt der Fasan über eine ganz hervorragende Sehschärfe und erkennt dabei sogar Farben. Nur Blautöne werden schlecht erkannt.

Der Geruchssinn ist gut, und bei Vögeln überhaupt besser als allgemein angenommen. Bei den Hühnervögeln hat der Schnabel für die Futteraufnahme als Tastorgan eine wichtige Funktion.

Federn bedecken den Gehörgang, er ist von außen nicht zu sehen. Die bekannten Federohren haben mit dem Gehör nichts zu tun. Dem mongolischen Fasan fehlen die Federohren. Das Gehör ist bei Hühnervögeln recht gut entwickelt.

Fasanen nehmen kein Wasserbad. Beim Staub- oder Sandbad werden Federlinge und Milben beseitigt. Hierzu suchen die Vögel oft die gleichen beliebten Plätze auf. Begehrt sind trockene Stellen mit lockerem Sandboden am Heckenrand. Sand, vermengt mit Holzkohlenstaub, bietet an geeigneter Stelle für das Staubbad eine hervorragende Mischung. Die Reinigung des Gefieders hat einen hohen Stellenwert.

Ab dem zehnten Tag beginnt das Jungtier zu fliegen. Mit ungefähr fünf Wochen beginnen sich die Armschwingen zu erneuern. Mit etwa 17 Wochen sind alle Flügelfedern gemausert. Der Fasan kann recht weit fliegen – mehr als einen Kilometer – und auch ziemlich hoch, nämlich bis zu einhundert Metern. Das ist jedoch nicht der Normalfall. Meist geht der Flug nämlich weder weit noch allzu hoch und wird bereits nach rund einhundert Metern beendet. Am allerliebsten ist er aber zu Fuß unterwegs. Er kann ziemlich schnell rennen, ungefähr dreißig Kilometer in der Stunde.

Noch ein Wort zur Altersschätzung: Der junge Hahn hat einen kurzen runden Sporn, beim alten Gockel ist er lang und spitz. Das kann aber je nach Unterart unterschiedlich sein. Das Brustbein ist bei jüngeren Tieren biegsamer, da die Ausbildung der Knochen noch nicht abgeschlossen ist. Einen weiteren Hinweis gibt das Verhalten: Ältere Tiere wirken dominanter.

Fasane lieben die Morgensonne. Deshalb suchen die Vögel in der Früh gerne sonnige Plätze auf. – Gut zu sehen sind hier auch die Federohren. Sie haben mit dem Hören aber nichts zu tun.

Frühling

Balzruf als Frühlingskünder, Hahnenkämpfe und Balzzeit

Gegen Ende des Winters lösen sich die Hahnen- und Hennengruppen auf. Die Fasanen verlassen ihre Wintereinstände und machen sich auf die Suche nach geeigneten Revieren. Dabei können die Männchen in Streit geraten.

Revierkämpfe finden in der Regel im Frühjahr – im März – statt, weil da die Territorien festgelegt werden. Meistens sieht man die Auseinandersetzungen morgens oder abends. Die Streitigkeiten können kurz dauern, nur ein paar Minuten, oder aber auch länger als eine Stunde. Bei klaren Verhältnissen ist der Kampf schnell beendet.

Hat der Hahn ein Revier einmal besetzt, so verteidigt er es gegen Eindringlinge. Oft, aber nicht immer, gewinnt der Revierinhaber den Hahnenkampf. Bevor es zu einer Auseinandersetzung kommt, gibt es unterschiedliche Rituale und Stufen von Drohgebärden. Zunächst versuchen die Hahnen mit parallelem Nebeneinander-Herlaufen die Machtverhältnisse zu klären. Gelingt dies nicht, geht der Streit weiter. Unterliegt ein Hahn, so wird er mit aller Gewalt aus dem Revier verjagt. Eine große „Rose", wie der Gesichtslappen heißt, ein langer Sporn und ein schillerndes Gefieder zeichnen meistens den Sieger aus, welcher sich das Recht erstritten hat, ein Territorium zu besetzen. Gelegentlich begleitet ein Beihahn den Platzhahn. Diese Reviere werden mit lauten „Gock-Gock"-Rufen und durch gleichzeitigen Flügelschlag markiert und Hennen herbeigelockt.

Sind alle Lebensräume besetzt, so kommt es zu keinem Anstieg der Bestandszahlen mehr. Die Hennen halten sich meist im Revier der Hahnen auf und werden später auch in deren Nähe ihren Nistplatz suchen. Wie das Revier beschaffen ist, bestimmt also auch die Anzahl der dort brütenden Hennen. Letztlich entscheiden die Hennen das Geschlechtsverhältnis.

Durch das „Tretlocken" des Hahnes wird die Henne gelockt und bekommt besondere Leckerbissen als Geschenk. Attraktive Hahnen scharen entsprechend mehr Hennen um sich. Das Verhältnis Hahn : Henne schwankt daher je nach Qualität des Territoriums im Durchschnitt zwischen 1:1 bis 1:3, kann aber auch bei bis zu 1:6 liegen. Der Hahn nimmt zwar nicht am Brutgeschäft teil, hat aber dennoch eine sehr wichtige Aufgabe: Er ist der Wächter, und er eilt der Henne bei Gefahr zu Hilfe. Diese Aufgabe behält er in der Regel, solange die Henne die Küken führt. Bei einem zu großen Überhang an Hennen kann er dieser Aufgabe nicht mehr sorgfältig nachkommen. – In seiner asiatischen Urheimat besteht meistens ein Verhältnis von 1:1. Das ist aber auch abhängig von der Unterart.

Mitte April werden die ersten braun-olivgrünen Eier im Altgras, in verlassenen Brennnesselschlägen, in ungemähten Wiesen oder in Gerstenfeldern gelegt. Mit ihrem braunen Federkleid ist die Henne fast unsichtbar. Je nach Unterart ist das Federkleid unterschiedlich und der Bodenfärbung angepasst. Als Nest dient eine flache Bodenmulde in bestmöglicher Deckung. Trotz sorgfältiger Suche eines geeigneten Nistplatzes durch die Henne gibt es in der Nistzeit herbe Verluste. Bei unzureichender Deckung fressen Rabenvögel in der Zeit der Eiablage die Eier. Der Verlust an Eiern während der Ablage hängt von der Höhe der Deckung ab.

Die Eier werden täglich gelegt, teils mit Unterbrechungen von ein bis zwei Tagen. Nachdem an die 10–14 Eier gelegt sind, beginnt die Brutzeit von rund 24 Tagen. In dieser Zeit verlässt die Henne – sie brütet allein – nur selten das Nest. Die Eier werden regelmäßig gewendet. Besonders in dieser Phase werden brütende Hennen häufig Opfer der Mahd. In Gebieten mit intensiver Viehwirtschaft sind Fasane selten – es sei denn, es ist noch andere Deckung vorhanden –, weil das Gras sehr früh und oft geschnitten wird.

Während des Brütens nimmt die Henne um rund 20 Prozent weniger Nahrung auf. Sie zehrt in dieser Zeit von den zuvor angelegten Energiereserven. Hat sie im Frühjahr genügend Fettspeicher gebildet, und ist genügend eiweißreiche Insektennahrung vorhanden, so wird der Bruterfolg hoch sein.

Wird das erste Gelege zerstört, so legt die Henne meist ein zweites mit weniger Eiern an, rund 7–9. Die Körpertemperatur der Henne sinkt während der Brut um 1–2 Grad auf etwa 37,5 Grad, was den Stoffwechsel verringert.

Die Anzahl der Nester ist von verschiedenen Faktoren abhängig, wie etwa von der Qualität des Brutgebietes, der Zahl an Beutegreifern, der Zahl an Hennen und von deren Fruchtbarkeit.

Ursachen für den Verlust von Bruten können sein: der Mangel an Nistgebieten, das Wetter, der Feinddruck oder der Ernährungszustand der Hennen.

Ende März sind viele Tage noch kalt und frostig. Trotzdem werden die Tiere nun zunehmend aktiver.

Mit jedem Tag nimmt die Kraft der Sonne zu und löst so nach und nach die Balz der Vögel aus.

Mit Balzruf und schwirrendem Flügelschlag zieht der Fasanhahn die Aufmerksamkeit der Hennen auf sich.

Mehrfach am Tag hört man das metallisch klingende „Gock-Gock", dem ein heftiges Flügelschlagen folgt.

Mit diesem heftigen Flügelschlag schreckt er die Rivalen ab und macht seinen Anspruch auf die Hennen geltend.

Breite Brust, gesträubtes Gefieder, ausgebreitete Flügel, und die Schwanzfedern nach oben gerichtet, so erscheint er viel größer und beeindruckt damit die Weibchen.

Hier balzt der Fasanhahn auf einer Weide mit gelbblühendem Löwenzahn.

Drei unterschiedliche Plätze,
drei unterschiedliche Hahnen,
drei Mal dasselbe Verhalten:
Fasanhahnen, die den metallischen
Balzruf hören lassen.

Ein jüngerer Revierinhaber. Hat der Fasanhahn einmal ein Revier besetzt, so verteidigt er es gegen Eindringlinge. Bevor es zu einer Auseinandersetzung kommt, gibt es unterschiedliche Rituale und Stufen von Drohgebärden.

Feldherren-Gehabe. Stolz schreitet dieser Hahn seine Reviergrenzen ab.

Diese beiden Hahnen laufen nebeneinander wie zwei Ritter die Grenze des Territoriums ab und mustern dabei den jeweils anderen nach Stärke und Größe.

In geduckter Kampfeshaltung stehen einander diese beiden Hahnen gegenüber und versuchen den Gegner einzuschüchtern.

Hier schaut ein Hahn im Revier eines anderen auf einen Sprung vorbei.
Wer ist der Stärkere? – Oft, aber nicht immer, setzt sich der Hausherr durch.

Meist reichen die Drohgebärden aus, um die Verhältnisse zu klären.

Mitten drin im Hahnenkampf. Der überlegene Hahn spielt jetzt alle seine Karten aus, um den schwächeren Gegner zu vertreiben.

Aufgeplustertes Gefieder und abstehende Federohren lassen den Hahn größer erscheinen, als er ist. Der rote Gesichtslappen, auch „Rose" genannt, ist während der Balz weithin sichtbar.

Der Hahn wacht. Die Hennen können fressen.

Noch hat er im Getreide einen guten Überblick. Nicht nur um seiner selbst willen ist der Hahn aufmerksam. Als Wächter ist er auch für Nest und Brut wichtig.

Damenwahl – die Henne sucht sich ihren Hahn aus.

Im Hintergrund sieht man, wo der Fasan Deckung findet. Auf freier Feldflur ohne Hecken und Knicks – wallartigen Baum- und Strauchhecken – kann sich der Fasan nicht halten.

Den Kopf nach unten geneigt, die Schwanzfedern weit auseinandergespreizt, so versucht der Fasanhahn die wenig interessierte Henne zu beeindrucken.

Eine Farbsymphonie in Rot, Blau, Weiß und Gelb – aber auch in einem solchen ihn deckenden Löwenzahnblütenmeer ist er immer wachsam.

Ein Hahn, der in die Jahre gekommen ist. Man erkennt das am dicken Hals, an den großen Rosen und an der Kopfform. – Siehe zum Vergleich auch den jüngeren Hahn auf Seite 20!

SOMMER

Was für die Henne und die Küken wichtig ist

In der ersten Junihälfte schlüpfen die meisten Küken. Sie wiegen rund 18 Gramm. Die Augen sind beim Schlüpfen geöffnet. Kaum sind sie da, können sie auch schon „ausfallen", also das Nest verlassen und der Mutter folgen.

An ihrem ersten Lebenstag benötigen die Küken keine Nahrung, da sie sich noch vom Dottersack ernähren. Nahrungsquelle sind in den ersten drei Wochen ausschließlich kleinste Insekten: Mücken, kleine Spinnen, Blattläuse, Raupen, Larven, Heuschrecken und kleine Käfer. Allerdings: Auf dem Boden kriechende Insekten sind heute viel seltener geworden als früher.

In den ersten Lebenstagen halten sich die Tiere in der Nähe des Nestes auf und bewegen sich nicht allzu weit. Auch in den ersten Wochen entfernen sie sich höchstens hundert Meter vom Nest. Dies hängt aber vom Nahrungsangebot ab. Je weiter sie umherstreifen müssen, desto größer die Verluste.

Mit zunehmendem Alter steigt dann der Nährstoffverbrauch an. Die Küken sind auf größere Portionen Insekten und nun auch auf Wildkräutersamen angewiesen, die sie gemeinsam mit der Henne suchen. Im Bereich von Wildkräuterflächen ist die Zahl der Insekten um ein Vielfaches höher als etwa im Kulturmais oder in anderen Monokulturen. Insektizide, Herbizide, Gülle und Fungizide sorgen nicht nur für den Rückgang heimischer Pflanzen, wie Kornblume, Schafgarbe oder Klatschmohn, sondern auch für den Rückgang der mit ihnen im Einklang lebenden Insekten, wie etwa Schmetterlingen oder Wiesenschnaken. Gerade diese Insekten sind jedoch die Lebensgrundlage für den Jagdfasan. Ungespritzte Ackerrandstreifen erweitern den Lebensraum für ihn und bieten besonders den Küken eine wichtige Nahrungsquelle, sie sind für das Gedeihen des Nachwuchses ausgesprochen wichtig.

Ganz allgemein: Ein gewissenhafter Umgang mit Pflanzenbehandlungsmitteln schützt alles Niederwild. Gülle und Mist können zudem Krankheiten übertragen sowie das Immunsystem schwächen. Häufige Mahd und Düngung sind auch für den Rückgang von Heuschrecken verantwortlich, einer der Hauptnahrungsquellen für junge Fasane.

Ein Dunenkleid schützt Fasanküken gegen Kälte. Wärme und sonniges Wetter sind in der Zeit des Wachsens für die Brut lebenswichtig. Im Gegensatz zum Daunenkleid der Wildenten stoßen die Flaumfedern der Fasanküken Wasser nicht ab. Nässe führt in den ersten 14 Tagen dazu, dass die Fasanküken auskühlen und verklammen, sie können sich selbst nicht aufwärmen, kommen in eine Art Kältestarre und werden nahezu unbeweglich. Die Bewegungsarmut führt zu weiterer Kälte, sodass das Küken innerhalb kurzer Zeit an Unterkühlung stirbt, wenn es nicht frühzeitig durch eine gut führende Henne aufgewärmt wird. Daher ist es wichtig, dass das junge Wild in der Nähe des Nestes ausreichend Nahrung findet und zeitig gehudert wird.

Je schlechter das Wetter, umso größer der Energieverbrauch und umso reichhaltigere Insektennahrung ist dann notwendig. Gutes Wetter mit nicht zu niedrigen Temperaturen während der Zeit der Jungenaufzucht ist wichtig. Die Vegetation sollte ein einfaches Fortbewegen der Küken ermöglichen. Dichtes Gras ist für die jungen Fasanen daher weniger gut; ungespritztes Getreide ist besser, da die Reihen 10–12 Zentimeter breit sind. Die morgendliche Nässe sammelt sich in dichter Vegetation und erschwert die Fortbewegung.

In den ersten zwei Lebenswochen sind die Küken noch sehr kälteempfindlich und können ihre Körpertemperatur nicht selbständig konstant halten. Bei kaltem Wetter müssen sie unter der Henne regelmäßig aufwärmen, damit ihre Temperatur nicht zu sehr abfällt. – Die kleinen Hühnervögel wechseln rasch ihr Dunenkleid in ein Jugendgefieder, das weniger nässe- und kälteempfindlich ist. In einem guten Jahr kommen 6 Küken durch, in einem durchschnittlichen Jahr 4 und in einem schlechten Jahr keines.

Die Fasanhenne ist eine „gute“ Mutter und beschützt ihre Kleinen gegen Feinde. Größere Feinde „verleitet“ sie, lockt sie also durch Vortäuschen einer Verletzung vom Gesperre weg. Kleinere Feinde werden auch gleich angegriffen. Auch der Ernährungszustand der Henne ist am Ende der Brutzeit entscheidend für das Überleben der Küken. Nur eine gut ernährte, gesunde Henne ist in der Lage, die Jungen zu führen und entsprechend Wärme zu geben.

Mit Lockrufen steht die Henne immer in Verbindung mit den Küken, welche in einem hohen Piepton antworten. Mit 12–14 Wochen sind die Jungvögel selbständig und gehen nun ihre eigenen Wege.

Gefahren gibt es für die Küken mehr als genug. Die wichtigsten Ursachen für Kükensterblichkeit: nass-kaltes oder extrem trockenes Wetter; zu wenig Insekten/Nahrung; keine oder nur schlechte Bewegungsfreiheit zwischen der Vegetation (Staunässe); keine oder mangelhafte Versteckmöglichkeit gegenüber Feinden; Umweltgifte und Krankheiten; Tod durch Ernte- und Mähmaschinen.

Ausgewachsene Henne. – Das hohe Gras bietet Schutz vor Rabenvögeln, auch der Fuchs hat es schwer, das Nest zu finden. Bei einer zu frühen Mahd hingegen sind Henne und Küken schutzlos.

Die braun-grünen Eier werden in eine flache, mit wenig Nistmaterial ausgepolsterte Nistmulde gelegt. Um die 10 Eier liegen im Nest dieses Bodenbrüters.

Nicht hilflos und blind, sondern ziemlich lebendig beginnt der erste Tag eines Fasankükens. Beim Schlüpfen wiegen Küken rund 18 Gramm.

Von der Henne gehudert und unter ihrem Flügel Wärme tankend, so verbringen die Küken auch die Nacht.

Die Henne brütet allein. Während der Brutzeit verlässt sie nur ganz selten ihr Nest, um kurz Nahrung aufzunehmen.

Auf der Suche nach kleinen Insekten.

Diese Henne führt einige Küken, die erst wenige Tage alt sind. Im Dickicht der Pflanzen – im Hintergrund Kamille – haben sie Schutz gefunden und verstecken sich auch vor dem Leser.

Die Henne sichert. Eine Katze ist in der Nähe! Aber im hohen Gras sind genug Versteckmöglichkeiten.

Hier hat die Henne die Katze auf eine offene Fläche gelockt, wo sie keine Gefahr darstellt. Die Küken verharren währenddessen regungslos im hohen Gras.

Das Vieh hat nur das schmackhafte junge Gras auf der Weide abgefressen, dadurch entstehen zwischen dem Altgras freie Flächen. An solchen Stellen gibt es für die etwa zwei Wochen alten Küken genug Fressbares. Sie sind jetzt schon flugfähig.

Hier finden die Küken Deckung, Bewegungsfreiheit und Nahrung. Den Flüssigkeitsbedarf können sie meist über den Morgentau decken. Jetzt muss nur noch das Wetter passen!

Wildwechsel! Ein Kleiner läuft mutig voran, …

… er hat zweifellos das Zeug zum Anführer.

Früh übt sich, wer einmal ein Großer werden will. – Wie alle Hühnervögel nimmt auch der Fasan gerne ein Staubbad. Dadurch werden Federlinge und Milben beseitigt.

Sehen und Nicht-Gesehen-Werden: Vom Heuballen aus hat die Henne die beste Aussicht, …

… und mit ihrem braunen, unscheinbaren Federkleid ist sie bestens getarnt.

Er gönnt sich eine Wachpause zur Gefiederpflege. Der Hahn ist ununterbrochen aufmerksam und trägt so einen wesentlichen Teil zum Schutz des Geleges bei.

Herbst

Zeit der Veränderung

Mit dem Ende des Sommers werden die Tage kürzer, es bleibt dann weniger Zeit für die Nahrungsaufnahme, und die Gesperre lösen sich langsam auf. Die Fasane sind meist bis Anfang November vollständig ausgefiedert. Die Jungtiere tragen nun das Federkleid des erwachsenen Vogels. Im Herbst schillert das Gefieder des Hahnes im Sonnenlicht auf offenem Feld bunt und auffällig. In der Deckung, im Schatten, entpuppt es sich jedoch als bestes Tarnkleid. Der Gockel ist nach wenigen Schritten wie vom Erdboden verschwunden. Bei Gefahr dient jede Bodenvertiefung und jedes Grasbüschel als Versteck. Blitzschnell duckt der Jagdfasan sich vor dem Feind und verweilt regungslos. Der ahnungslose Spaziergänger bewegt sich oft nur wenige Meter am versteckten Vogel vorbei. Auch Hunde bemerken ihn meist nicht.

Am besten geht es dem Fasan in einer vielseitigen und abwechslungsreichen Kulturlandschaft. Solange das Getreide stand, gab es im Sommer noch reichlich Deckung und Nahrung. Mit der Ernte sind Deckung und Nahrung verschwunden. Häufig wird das gemähte Getreidefeld oder das abgeerntete Rübenfeld noch am selben Tag umgepflügt, oder kurz danach. In dieser Zeit sind Wildackerrandstreifen, das Belassen kleiner Randstreifen, die nicht geerntet werden, und ausreichende Heckenstreifen, die Deckung schaffen, lebenswichtig. Ganzjährig Deckung und Schutz bieten etwa Rohrglanzgras oder Brombeergestrüpp. Und ohne Deckung wird unser Hühnervogel im Herbst leicht Opfer des Habichts.

Es gibt keinen Grund für den Fasan, einen guten Herbst- oder Winterlebensraum zu verlassen. Ungeeigneter Lebensraum und Futtermangel führen jedoch zu Abwanderung.

Gegen Ende des Herbstes bilden sich lose Hahnen- und Hennengruppen, die sich zum Frühjahr hin wieder auflösen. Das Gemeinschaftsleben schützt das Flugwild im Winter besser vor Angriffen von Fressfeinden. Die Tiere sind auf die Aufmerksamkeit ihrer Artgenossen angewiesen.

Die Hahnentrupps sind kleiner als die der Hennen. Die größeren Hennentrupps – bis zu zwanzig Tiere oder mehr – nehmen den besten Lebensraum in Anspruch. Die Hennen sind äußerst tolerant zueinander. Hahnen hingegen können mitunter recht aggressiv sein und bilden daher nur kleine Gemeinschaften. Schwächere Hahnen werden gern an den Rand gedrängt.

Die Tiere halten sich in der Regel in kleinen Wald- oder Strauchgruppen am Rande der Felder auf. Weiter als dreißig Meter gehen sie meist nicht in den Wald hinein. In der Mitte großer Waldungen findet man den Fasan nicht. Am liebsten hält er sich in recht dichter strauchförmiger Deckung mit einer Höhe von bis zu 1,80 Meter auf. Brombeere und Weißdorn sind hier besonders geeignet. Die Sträucher wehren scharfen Wind ab und bieten vor Schnee den meisten Schutz und in Bodennähe genügend Bewegungsfreiraum.

Der Fasan ist sehr standorttreu. Er nimmt häufig die gleichen Wege, um von A nach B zu kommen, und ist oft zur gleichen Zeit am gleichen Ort. Wie alle Hühnervögel ist er ein Frühaufsteher. Beim ersten Tageslicht schon ist er auf den Ständern, ganz nach dem Motto: „Der frühe Vogel fängt den Wurm." Bei Anbruch der Dunkelheit verschwindet er und sucht sein Nachtquartier auf: seinen Schlafbaum oder auch auf dem Boden, abhängig von den Beutegreifern.

Wenn der Lebensraum passt und er genügend Nahrung in ungestörter Umgebung findet, so wird er an diesem Ort verweilen. Verändert sich die Nahrungsfläche – etwa durch Abernten –, werden Hecken zu sehr auf Stock gesetzt, findet Beunruhigung statt, so kann dies den Fasan vergrämen und zum Abwandern führen.

Ohne entsprechenden Lebensraum kann kein Fasan überleben. So sind etwa reine Waldgebiete oder monotone Feldschläge für keine Unterart geeignet.

Für den Niederwildjäger ist der Herbst auch die Zeit der Hege. Gleich nach der Ernte kann der Revierinhaber Gespräche mit den Landwirten suchen, um Lebensräume zu verbessern. Sollen Hecken oder Remisen angelegt werden, dann ist nun die Zeit des Handelns. Das Anpflanzen von Sträuchern wie der Heckenrose und einer Brombeerdeckung oder das Aufstellen von Fütterungen fordern jetzt den Jäger. Bevor gejagt werden darf, muss in jedem Fall der Besatz bestimmt werden, damit sich die Bejagung nach der Höhe des Besatzes richten kann.

Der Herbst hat gerade erst begonnen. Es stehen große Veränderungen bevor: Die Felder werden geerntet, und die Jagd beginnt in Kürze.

Noch steht der Mais. Noch ist der Tisch reich gedeckt.

Aber jetzt im Herbst kann sich die Landschaft – wie das Wetter – von einem Tag auf den anderen dramatisch ändern. Dieses Maisfeld wurde bereits zur Hälfte abgeerntet.

Solange die Felder nicht umgepflügt werden, findet der Fasan auf ihnen auch nach der Ernte noch genügend Nahrung.

Aber auf ausgeräumten und umgepflügten Ackerflächen nach Nahrung zu suchen, ist dann eine sehr schwierige Aufgabe.

Dieser junge, noch nicht ganz ausgefärbte Hahn sucht das Gelände nach Fressbarem ab – ganz nach dem Motto: „Jedes Huhn findet ein Korn".

Wenn die Feldflur im Herbst einmal ausgeräumt ist, dann sind solche Unterschlupfmöglichkeiten für den Fasan überlebenswichtig.

Hier bietet Gründünger Schutz und Deckung.

Auch eine Art von Sichtschutz: der Herbstnebel.

Man glaubt gar nicht, wie gut getarnt ein derart bunter Vogel sein kann: ein Jagdfasan im rötlichen Herbstlaub.

Im Herbst verfärbt sich das Laub rot-braun, es nimmt zunehmend die Farbe des Federkleides der Hahnen an. Ein weiteres Foto-Beispiel, wie gut das Tarnkleid eines Fasanhahnes ist.

Sicher ist sicher: Er drückt sich an den Fuß einer Eiche.

Diese junge Henne nützt noch einmal die letzten wärmenden Strahlen der Spätherbstsonne.

Einfach nur schön: Morgenstimmung bei herbstlichem Nebel. Es wird ernst. Jagdstimmung.

Die Jagd auf den Hahn

Die Jagd auf den Fasan war in Asien und Europa stets etwas ganz Besonderes. In Asien übte man seit Jahrhunderten die Beizjagd auf den Fasan aus. In Europa bejagte man das aus Vorder- und Zentralasien eingebürgerte Federwild aber erst seit Erfindung der Feuerwaffen. Anfangs wurde meist das aufbaumende „Hochwild" erlegt. Allzu große Strecken gab es nicht.

Mit der Einführung der künstlichen Aufzucht wurden zu Beginn des 19. Jahrhunderts größere Mengen ausgewildert und der Fasan vielerorts eingebürgert und gekreuzt. Der heute bei uns in freier Wildbahn lebende Jagdfasan ist daher ein Mischling verschiedener Unterarten. Diese Hybridform, mit oder ohne Halsring, mit oder ohne hellere Flügelfedern, bildet den Fasanenbestand in Europa und den USA.

In den 1960er- und 1970er-Jahren sorgten dann günstige Umwelteinflüsse für starke Fasanenbesätze. In den letzten Jahren aber haben die Fasanenstrecken wieder drastisch abgenommen. Die Gründe sind vielschichtig. Dennoch gehört auch heute noch der Jagdfasan – früher Hochwild, heute Niederwild – vielerorts zu den spannendsten und beliebtesten Wildarten.

Es gibt sehr viele unterschiedliche Jagdmethoden auf den Fasan. Als Beizvogel für die Fasanenjagd eignet sich ganz besonders der Habicht, der in der „freien Folge" mit dem stöbernden Hund den Vogel schlägt. Mit einem guten Vorstehhund kann der Jäger auch allein jagen oder die Jagd in kleiner Gruppe ausüben. Bei der großen Treibjagd, einer Gesellschaftsjagd mit vielen Teilnehmern, wird das Wild von Treibern und Hunden hochgemacht und dem Schützen zugetrieben. Es muss für jeden Jäger selbstverständlich sein, dass nur sichere Schüsse auf den mit rund 70 Kilometer pro Stunde fliegenden Hahn abgegeben werden.

Eine Regel für das Vorschwingen lautet: „Schieße dorthin, wo das Wild sein wird, wenn es die Schrotgarbe kreuzt." Meist wird Schrotgröße Nummer 5, also 3 Millimeter, verwendet. Der Hahn fliegt rund 16–20 Meter pro Sekunde, Schrotkörner erzielen Geschwindigkeiten von rund 300–400 Meter pro Sekunde. Bei einer Schussentfernung von 30 Metern wird die Schrotgarbe das Ziel in ungefähr 0,09 Sekunden erreichen. In dieser Zeit legt der Vogel etwa 1,6 Meter zurück. Bei einer Fasanenlänge – einschließlich Stoß – von rund 80 Zentimetern muss der Schütze ungefähr zwei Fasanenlängen vorhalten. Auch ist immer auf die Sicherheit der Jagdteilnehmer Bedacht zu nehmen. Tiefschüsse auf flach streichende Hahnen sind daher verboten. Die Schussentfernung sollte zwischen 20 und 30 Metern liegen.

Der Jäger ist heute beim Niederwild besonders gefordert. Gefragt sind Lebensraumverbesserung, eine weidgerechte Raubwildbejagung, Fütterung in Notzeiten und nachhaltige Jagd. Der ehrliche Heger bemüht sich, sein Revier mit vielen abwechslungsreichen Lebensräumen zu gestalten, die der Fasan benötigt, damit er gedeihen kann. Die Jagdstrecken müssen nicht hoch sein. Denn Abschusszahlen sagen nicht unbedingt etwas darüber aus, wie gepflegt ein Revier ist. Vordringlich bleiben die Anlage geeigneter Lebensräume, das Pflanzen von Hecken und ungespritzte Ackerrandstreifen. Die (weidgerechte!) Bejagung von Beutegreifern, wie Fuchs oder Rabenkrähe, hat nicht nur auf das Niederwild einen großen Einfluss, sondern auch auf andere Bodenbrüter, wie etwa den Kiebitz.

In den meisten Gebieten beginnt die Jagdzeit im Oktober und endet Mitte Januar. Wo die Lebensräume noch passen, darf dann eine weidgerechte, schonende Jagd auf Fasane ausgeübt werden. Die für die Jagd zur Verfügung stehenden Flächen sollten nur ein Mal, höchstens zwei Mal bejagt werden, da sonst Abwanderung droht. Dem Bestand sollte nur ein Drittel der Hahnen entnommen werden, höchstens die Hälfte. Und: Die Fasanjagd sollte nur mit brauchbaren Hunden ausgeübt werden. Zum Einsatz kommen können alle Vorsteh- und Stöberhunderassen, die für die Niederwildjagd geeignet sind. Sie haben das Wild aufzuspüren, dem Jäger anzuzeigen und krankes Wild nachzusuchen.

Zur Jagd gehören auch die jagdlichen Bräuche. Es gilt, die Kultur, alte Sitten und Gepflogenheiten des Weidwerks zu erhalten. Neben der Jägersprache, dem Jägergruß, dem Streckenlegen gehört auch das Jagdhorn zur Fasanenjagd. Mit „Hahn in Ruh“ und dem Verblasen der Strecke „Flugwild tot“ endet eine Fasanenjagd zünftig.

Hoch über die Baumwipfel bringt sich dieser Hahn in Sicherheit.

Fasanjagdstimmung mit Vorstehhund. Ohne brauchbare Hunde ist eine weidgerechte Jagd nicht möglich.

Der Griffon hat die Henne gewittert und hochgemacht. Um den Bestand zu schonen, sollten Hennen nicht erlegt werden.

In einem unübersichtlichen und unzugänglichen Feld hat der Labrador die Nachsuche erfolgreich beendet und apportiert den erlegten Hahn.

Beim Buschieren stöbert der Jagdhund das Wild aus dem Versteck. Den Flintenschussbereich verlässt er dabei nicht, er arbeitet „unter der Flinte“.

Großer Münsterländer mit Beute: Mit Leidenschaft apportiert er den Hahn – er ist ein fermer „Hühnerhund“.

Für diesen Kleinen Münsterländer gilt dasselbe.

„Henne“, rufen die Treiber.
Der Schuss unterbleibt.

Für den Jäger hat dieser Hahn bereits zu viel Höhe und Geschwindigkeit erreicht, er ist bereits außerhalb der Reichweite.

Dennoch wurde an dem Jagdtag eine ordentliche Strecke gemacht. Es liegen nicht nur reichlich Hasen, …

… sondern auch eine große Anzahl an Hahnen.

„Hahn in Ruh!“ –
Nach der Jagd kehrt wieder Ruhe im Revier ein.

WINTER

Eiszeit

Der Winter bedeutet für den Standvogel eine harte Zeit und stellt andere Ansprüche an das Wild als das Frühjahr und der Sommer. Es kommt nun vermehrt zu Verlusten, aus unterschiedlichen Gründen: Die Nahrung wird knapp. Die Deckung fehlt oft, und Kälte und Schnee machen den Tieren zu schaffen. Der Feinddruck wächst, und auch die Jagd vermindert die Besätze. Infektionskrankheiten breiten sich im Winter schneller aus, auch, weil sich alle Fasane eines Reviers auf die wenigen guten Deckungsflächen drängen. Geeigneter Lebensraum – Stichwort: Wildkräuterstreifen und Hecken – und genügend Futter haben in den Wintermonaten einen großen Einfluss auf die Überlebensrate und entscheiden über die Verluste.

Um Energie zu sparen, bewegt sich das Federwild nun kaum und versteckt sich meistens im Unterholz. Unnötige Störung und Beunruhigung, besonders durch frei laufende Hunde, sind daher dringend zu vermeiden, da zusätzlicher Energieverlust von bereits geschwächten Tieren zum Tod führen kann. Bei höchster Gefahr fliegt der Hühnervogel. Was man dabei wissen sollte: Ein fliegender Fasan verbraucht zwanzig Mal mehr Energie als ein sich langsam auf dem Boden fortbewegender.

Anders als im Frühjahr sind die Tiere nun schwer zu beobachten. Bei Sonne verlassen sie aber gern ihr Versteck und lassen sich von den Strahlen der Wintersonne wärmen. Wählerisch ist der Fasan nun nicht. Alles, was er findet und fressbar ist, wird mit dem Schnabel ausgegraben und verspeist.

Haben die jungen Hahnen mit 8 Wochen noch 500 Gramm gewogen, so liegen sie jetzt zu Beginn des Winters bei rund 1.300 Gramm oder mehr. Das Gewicht hängt auch von der Unterart ab. Hennen wiegen im Schnitt um 400 Gramm weniger.

In der kalten Jahreszeit werden die im Herbst gesammelten Fettreserven verbraucht. Insgesamt ist der Jagdfasan ziemlich winterhart. Bei ausreichender Ernährung kommt er auch bei Temperaturen bis minus 20 Grad gut zurecht. Eine Hungerperiode ohne Nahrung bei bis zu minus 15 Grad kann zwei Wochen oder gar länger überstanden werden. Der Gewichtsverlust kann dann jedoch mehr als die Hälfte des Körpergewichtes betragen. Geschwächte Tiere fallen dem Tod durch Erfrieren, Hunger oder Krankheit zum Opfer. Bei nasskaltem Wetter oder Frost ist die Wahrscheinlichkeit für den Befall von viralen und bakteriellen Krankheiten deutlich höher. Insgesamt spielen Infektionskrankheiten mit Todesfolge beim Fasan aber eher eine untergeordnete Rolle. Kranke und geschwächte Tieren werden auch deutlich häufiger Opfer des Raubwildes.

Lagen über 400 Meter Seehöhe sind für den Fasan ungeeignet – aufgrund des Schnees.

In strengen Wintern stirbt bei schlechter Deckung und weitläufiger Futtersuche ein hoher Prozentsatz der Vögel. Bereits ein einziger der zu Anfang des Kapitels genannten Faktoren kann den Besatz erheblich dezimieren. Treten mehrere Ursachen in sehr starker Intensität gleichzeitig auf, so bricht unter Umständen der gesamte Besatz in Kürze zusammen und erlischt sogar. Die hohe Sterblichkeit führt dazu, dass Fasane in freier Wildbahn im Durchschnitt nur zwei Jahre alt werden.

Der Jäger kann durch Anpflanzen von Deckungspflanzen, die den Fasan vor Schnee schützen, einen wichtigen Beitrag zum Schutz der Tiere im Winter leisten. Auch kann er nun die Bejagung auf den Fuchs verstärken – sein Balg ist jetzt vollwertig. Der Feinddruck auf den Fasan nimmt dadurch ab.

Störungen, auch durch die Jagd, sollten nur gelegentlich stattfinden, um den Energieverbrauch der Tiere nicht unnötig anzutreiben.

In strengen Wintern muss der Fasan mit Weizen, Mais oder anderem Getreide gefüttert werden. Hackfrüchte, wie Rüben, Äpfel oder Rote Beete, sind ebenfalls eine wertvolle Zusatzkost, da sie den Flüssigkeitshaushalt regulieren. Eine Fütterung bis Ende März ist sinnvoll, damit Energiereserven für die Brut angelegt werden können, da Wildsamen und Druschabfälle bei der heutigen intensiven Landwirtschaft kaum mehr vorhanden sind.

Wenn der Jäger die Fasane auf die genannte Art und Weise unterstützt, so können Verluste zurückgedrängt werden. Denn, wie bereits gesagt: Der Jagdfasan ist hart gegen Frost und kann den Winter gut überstehen.

In der Nacht gab es Neuschnee, durch den tiefen Schnee bahnt er sich den Weg.

Sein Ziel sind die nahe gelegenen Hagebuttensträucher, wo er genug Nahrung findet.

Nur bei äußerster Gefahr erhebt sich der Fasan in die Luft.

Wintertrupp. Hahnen haben sich zusammengeschlossen. Ein rauer Tag im Januar, nun wird es Zeit, dass der Winter bald vorbeigeht.

Leise rieselt der Schnee. Aber durch das aufgeplusterte Gefieder kann er seine Körpertemperatur halten.

Die Morgensonne wirft am Rand des Feldes ihre wärmenden Strahlen auf das Gefieder.

Seit vielen Tagen herrscht Notzeit. Dieser Hahn hat ein Stück Zuckerrübe gefunden.

Im Winter ist der Jagdfasan nicht wählerisch. Er frisst nun alles, was er bekommen kann und auf seinem Speiseplan steht.

Werden Hecken und Feldgehölze zu sehr „auf Stock gesetzt“, also bis zum Boden geschnitten, dann fehlt unter Umständen die notwendige Deckung, die besonders in den Wintermonaten wichtig ist.

Freunde und Feinde

Der Schutz der Rabenvögel hat zu einem starken Anstieg dieser Vogelarten geführt. Als Allesfresser mit breitem Nahrungsspektrum kommen etwa Rabenkrähen und Elstern in der heutigen Kulturlandschaft zunehmend häufiger vor. Monotone „Wildäcker", die nur aus Mais bestehen, ziehen Rabenvögel magisch an und fördern deren Vermehrung. Für Nester und junges Niederwild sind die Rabenvögel eine große Bedrohung. Während der Nistzeit sind Rabenvögel die schlimmsten Feinde für das Gelege. Ausreichend Deckung und gute Versteckmöglichkeiten vermindern dieses Risiko. Nicht nur als Nesträuber und Eierdiebe sind die Rabenvögel unterwegs, auch Küken fallen ihnen zum Opfer.

Der Habicht hingegen hilft, die Krähenbestände einzudämmen. Wo er fehlt, nehmen Rabenvögel noch mehr zu. Der Habicht fängt auch krankes Wild, sodass sich weniger Krankheiten ausbreiten. Er ist für jedes Revier eine Bereicherung. Unerfahrene Fasane werden vom Habicht geschlagen. Auf einer kahlen Feldflur, die keinerlei Schutz bietet, wird das Wild leicht ein Opfer des Habichts. Andere Greifvögel, wie etwa Bussard, Sperber, Weihe oder Milan, spielen für den Fasan kaum eine Rolle.

Wo der Uhu lebt, schlägt er den Habicht, die Krähen und den Fasan. Nächtliches Aufbaumen auf dem Schlafbaum ist dann eher nachteilig.

In großen geschlossenen Waldgebieten, in denen kein Niederwild vorkommt, mag die Bejagung des Fuchses Geschmacksache sein. Anders im Feldrevier. Hier trägt eine intensive Fuchsbejagung sicherlich entscheidend zu einem gesunden Fasanenbestand bei.

Der Fasan kann sich durch Auffliegen in Sicherheit bringen, wenn er den Fuchs früh genug bemerkt. Manches Maisfeld wird für den Fasan aber zur Todesfalle, weil das Abstreichen nahezu unmöglich ist.

In der Zeit des Brütens ist der Fuchs, der sich auf seinen Geruchssinn verlässt, der größte Feind. Die Verluste können in dieser Zeit besonders hoch sein. Eine moderate Beutegreiferbejagung, im gesetzlich vorgegebenen Rahmen, kann auch die Vermehrung seltener Vögel unterstützen, wie etwa Rebhuhn, Wachtel, Kiebitz, Feldlerche, Birkwild und den Brachvogel. Angesichts der starken Zunahme der Füchse und des drastischen Rückganges des Niederwildes ist in der Feld- und Wiesenflur eine weidmännische Bejagung des Fuchses nicht nur vertretbar, sondern sicherlich auch wildbiologisch sinnvoll. Ebenso sollten Steinmarder und Rabenkrähe bejagt werden. Wo Schwarzwild vorherrscht, ist Fasanenhege nur schwer möglich. – Ratten, Katzen und Wiesel dezimieren den Kükenbestand.

Die Ursachen für Bestandesrückgang sind:

- Lebensraumverlust
- Fressfeinde
- intensive Landwirtschaft (Ernte)
- Pestizide und Insektizide
- Straßenverkehr
- Beunruhigung der Lebensräume
- Aussetzen statt Auswildern
- Krankheiten
- Jagd
- Klima und Wetter

Dem Jäger kommt in den heute so stark beanspruchten Revieren – durch Freizeitnutzung und landwirtschaftlichen Intensivbau – beim Erhalt eines gesunden Fasanenbestandes eine wichtige Aufgabe zu. Wie der Jäger zu einer Anhebung der Bestände beitragen kann:

- Auf Spritzmittel sollte in einigen Revierteilen verzichtet werden.
- Absprachen mit den Landwirten und entsprechende Aufklärung vermindern die Gefahr des Mähtodes.
- Gemäht werden sollte immer von innen nach außen und nicht nachts, sondern, falls möglich, nur am Tag.
- Es sollte in Absprache mit den Landwirten nicht bis zum Rand von Hecken oder Feldwegen geerntet werden, sodass ungespritzte Saumzonen entstehen können.
- Gegebenenfalls sollte man kurz vor der Ernte mit dem Hund absuchen und die Wildtiere mit akustischen Wildrettern aus der Gefahrenzone verscheuchen.
- Werden trotz aller Bemühungen Gelege ausgemäht, so können diese gesammelt und nach vorsichtigem Transport ausgebrütet werden. Dazu ist die Vorhaltung von brütenden Zwerghühnern und eventuell einer Brutmaschine zweckmäßig.
- Ebenso sollten Kleinvolieren, die gegen Regen und Nässe geschützt sind, für die Aufzucht vorhanden sein. Die Tiere werden später ausgewildert.

Schlussfolgerung: Gebot der Stunde ist es, ausreichend sichere Nistmöglichkeiten für die Hennen zu schaffen und dafür zu sorgen, dass genügend Nahrung für Hennen und Küken vorhanden ist. Auch eine intensive Bejagung von Rabenkrähe und Fuchs ist entscheidend.

Ein alter erfahrener Habicht kann den Fasanenbestand reduzieren. – Dieser Habicht aber hatte es auf eine junge Rabenkrähe abgesehen.

Wo das Vieh auf die Weide geht, ist die Welt für den Fasan meist noch ziemlich in Ordnung. Mit der intensiven modernen Landwirtschaft hingegen – Stichwort: Stallhaltung – tut der Fasan sich schwer.

Wo Hasen sind, findet sich, wenn Hecken und Strauchwuchs vorhanden sind, meistens auch Lebensraum für den Fasan.

Ein Schnappschuss: Dieser junge Feldhase hat noch keinen Wind bekommen und läuft ahnungslos in Richtung Kamera.

Rehwild ist inzwischen in den meisten Fasanenrevieren die Hauptschalenwildart. Dieser Rehgeiß brennt die Sonne auf die Decke, und es beginnt zu jucken.

Eine Gänsemutter führt ihren Nachwuchs wachsam über die blühende Pferdekoppel.

Eine kleine Rebhuhnkette sucht im Schnee nach Nahrung. Rebhühner sind inzwischen selten geworden. Wo man sie findet, hat auch der Fasan meistens gute Lebensbedingungen.

Wo der Uhu lebt, schlägt er Habicht, Krähe und Fasan.

Mit dem Straßen-Verkehr tut sich der Fasan oft schwer…

Lebensraumverbesserung

Der drastische Rückgang vieler Arten von Feldvögeln durch die Intensivierung der Landwirtschaft hat auch vor dem Jagdfasan nicht Halt gemacht. Studien zeigen, dass Maisanbauflächen einen großen Einfluss auf den Rückgang von Fasan und Rebhuhn haben.

Umso wichtiger sind Schutzmaßnahmen: das Anpflanzen von Wildschutzhecken, die Anlage von breiten Ackerrandstreifen mit Wildkräutern, Remisen und Knicks. Auch Ackerflächen-Stilllegung erhöht die Bestandeszahlen. Wer Fasanenhege betreibt und entsprechenden Lebensraum für das Wild schafft, der unterstützt gleichzeitig den Naturschutz und erhöht die Artenvielfalt in unserer Kulturlandschaft. Hecken haben aber noch weitere Vorteile. Beispielsweise bieten sie als Windschutzstreifen Schutz gegen Bodenerosion.

Den idealen Lebensraum für den Jagdfasan bilden naturnahe Niederhecken. An der Grenze zwischen offener Feldflur und der Hecke entsteht eine Übergangszone zwischen zwei verschiedenen Lebensraumtypen. Es kommt zum sogenannten Grenzlinieneffekt, einer wichtigen Struktur, die für viele Tiere und Pflanzen bedeutsam ist. Der Fasan steht stellvertretend für über 1.500 Arten, die sich in und an der vielschichtig angelegten Hecke ansiedeln. Dazu gehören etwa auch Schmetterlinge und Igel. Mit seinem bunten Gefieder und seiner Größe ist der Fasanhahn hier einer der auffallenden Vertreter. Man sieht ihn in Saum-, Mantel- und Kernzone der Hecken und Knicks.

Sommer und Winter bietet die Hecke Unterschlupf vor Fressfeinden und Witterung. Im Winter gibt die Wildschutzhecke Schutz gegen Schnee und Wind. Sind zum Beispiel Hundsrose, Brombeere und Weißdorn vorhanden, so hat der Fasan zusätzliche Nahrungsquellen. Man kann dieses Federwild an Hecken gut beobachten, zugleich verschwindet es aber mit ein paar Schritten spurlos in der Dickung und entzieht sich völlig den Blicken des Betrachters.

Entscheidend für einen guten Fasanenbestand sind der Lebensraum, das natürliche Futterangebot und die landwirtschaftliche Struktur. Neben nicht zu hohen Hecken ist auch das Anlegen von Wildäckern entscheidend, und die Bepflanzung mit winterfesten Äsungspflanzen ist ein wichtiger Bestandteil der Hege. Kohlsorten wie Markstammkohl und Rosenkohl – in Österreich „Kohlsprossen“ genannt – bieten nicht nur dem Fasan Deckung und Nahrung, sondern helfen dem Niederwild allgemein. Kleinere gemischte Wildäcker mit Mais und Sonnenblumen, Topinambur, Rüben, Rote Beete, Buchweizen und Karotten sorgen für Abwechslung im Nahrungsangebot. Auch Brennnessel, Löwenzahn und Vogelmiere spielen eine Rolle. Mehrere kleinere Wildackerflächen sind wirksamer als eine große Fläche.

Wer sich in der Hege auskennt, der schaut, wie es um die Insekten im Revier steht. Er weiß, ob im Sommer genug Grashüpfer und Spinnentiere vorhanden sind und ob diese wichtige Nahrung für die Fasanenküken sicher erreichbar ist. Besonders insektenreich sind Viehweiden, die nur zwei Mal jährlich schonend gemäht und nicht mit Gülle gedüngt werden.

Geeignete Lebensräume sind für die Höhe eines Fasanenbestandes entscheidend. Nur dort, wo Niederwild gute Lebensbedingungen findet, die an die Bedürfnisse der Jahreszeit geknüpft sind, kann sich ein Bestand entwickeln. Zur Lege- und Brutzeit brauchen die Hennen beispielsweise ausreichend Brutdeckung. Blühstreifen und insektenreiche Wildkräuterflächen sind für die Küken notwendig. Auch werden gerne Huderplätze angenommen, wo der Fasan ein Staubbad nehmen kann.

Ein geeignetes Fasanhahn-Territorium muss ein gutes Nahrungsangebot liefern und vom Hahn leicht überblickt werden können. Die Länge der Randstreifen zwischen Feld und Strauchgewächs ist ganz entscheidend für den Hahnenbestand. Deckungsreiche Hecken und Sträucher in der Nähe dienen als Zufluchtsort und machen einen wichtigen Bestandteil eines Territoriums aus. Der Jagdfasan braucht eine seinen Ansprüchen genügende, nicht zu hohe Deckung zum Schutz vor Raubwild aus der Luft, und er braucht ausreichend Nahrung, was etwa durch das Anlegen von Äsungsflächen sichergestellt werden kann.

Um zusammenzufassen: Man kann den Fasanenbestand nur anheben, indem man die Zahl geeigneter Lebensräume steigert. Dies kann erreicht werden zum einen durch das Anpflanzen von Strauchgruppen und Hecken (Verlängerung der Ränder zwischen Feld und Deckung), dann durch die Verbesserung der Qualität der Deckung und schließlich durch eine Vergrößerung des Nahrungsangebotes.

Deckung und Tarnung: Im Mohn ist der Hahn kaum sichtbar.

Während der Brutzeit hält der Hahn Wache. Ein geeignetes Fasanhahn-Territorium muss ein gutes Nahrungsangebot liefern und vom Hahn leicht überblickt werden können.

Das Anlegen und Pflegen von Hecken und Blühstreifen, Raubwildbejagung und die Revierkontrolle gehören zum Weidmannshandwerk.

Die Anlage von Huderstreifen und ungespritzten Ackerrandstreifen entlang der Hecke ist eine wichtige Hegemaßnahme, die insbesondere für die Entwicklung der Küken von entscheidender Bedeutung ist.

Ebenso wichtig sind Wildäcker, die das Wild durch den Winter bringen. Am Rande findet man hier nicht nur Sonnenblumen, sondern auch Wildkräuter.

Gründecken – hier Senf – geben Deckung. Wo Hege betrieben wird, findet der Fasan auch heute noch einen guten Lebensraum.

Kein Zweifel: Der Fasan ist ein schöner Vogel. Wie Edelsteine glänzt das Gefieder: saphirblau, smaragdgrün und rubinrot. Es lohnt sich, diesen faszinierenden Vogel in unserer Landschaft zu erhalten. Dazu muss man aber die Ansprüche kennen, die er an seinen Lebensraum stellt.

Eine abwechslungsreiche Landschaft.
Hier fühlt sich der Fasan wohl.

Der Hahn hat den Habicht in der Luft erkannt. Es zieht ihn wieder in die sichere Deckung. Ohne gute Deckung wäre er möglicherweise verloren.

„Unkraut"? – Was wir heute so bezeichnen, ist für viele Lebewesen ein wichtiger Lebensraum!

Eine Buchenhecke im Frühjahr. Hier findet der Fasan um diese Jahreszeit reichlich Insektennahrung.

Dieselbe Buchenhecke im Winter. Jetzt bietet diese Hecke Schutz vor Kälte und Feinden.

Nahe dem sicheren Unterschlupf: Am Rande der Dickung genießt der Hahn das Sonnenlicht. Sonne ist Leben und für die Entwicklung des Federkleides wichtig.

In diesem Blühstreifen wird der Hahn vielleicht auch im Winter Nahrung und Unterschlupf suchen.

Auch die Anlage von Wildäckern mit artenreichen Mischungen gehört zum Weidmannswerk. Besonders in den Wintermonaten sind sie unverzichtbar.

Die Augen geschlossen, fühlt er sich im guten Fasanenrevier wohl. Hier nascht er am Spindelstrauch. – Man kann einen Fasanenbestand nur dann anheben, wenn man die Zahl geeigneter Lebensräume steigert.

Vitamine pur. Früchte, wie Hagebutten und…

…Beeren, wie hier die Beeren des Sanddorns, sind eine wichtige Nahrungsquelle.

Huderstellen müssen im Revier vorhanden sein. Denn zur Säuberung des Gefieders nimmt der Fasan gerne ein Staubbad.

Nach dem Staubbad folgt oft das Putzen des Gefieders. Es wird sortiert, mit Fett versorgt und gepflegt – somit bleibt der Vogel flugfähig und ist bei schlechtem Wetter vor Nässe geschützt.

Vollgas! Deckung muss immer erreichbar sein. Dieser Hahn sucht rasch die nächste Versteckmöglichkeit auf. Er kann bis zu 30 Kilometer pro Stunde rennen.

Im Stechschritt marschiert er über das Feld, weil er lieber läuft statt zu fliegen. Fliegen kostet außerdem jede Menge Energie.

Mit ein paar Schwingenschlägen erreicht der Fasanhahn schnell große Höhen.

70 Kilometer pro Stunde: Die Fluggeschwindigkeit eines Fasans ist beachtlich. Trotzdem: Der Habicht ist deutlich schneller. Daher braucht er rasch Unterschlupf im Dornengestrüpp, in das ihm der Habicht nicht folgen kann.

Im Segelflug streicht dieser Hahn über die Wiese und landet im nächsten Kornfeld. Mehr als hundert Meter streicht er allerdings selten.

Ein Beitrag zur Hege ist, wenn Wiesen erst spät gemäht werden – und von innen nach außen!

Durch die Sommerlüfte schwebend gewinnt er Land – einer ungewissen Zukunft entgegen…

... Aber noch geht für den Jagdfasan die Sonne nicht unter. Denn solange es Menschen gibt, die sich für ihn interessieren, wird er weiterleben.

Blick zurück

Reise in die Vergangenheit

Nach der altgriechischen Sage erhielt Jason etwa 1250 vor Christus von seinem Onkel Pelias den Auftrag, nach Colchis, dem heutigen West-Georgien, an den Fluss Phasis, heute Rioni, zu reisen und dort das goldene Vlies zu rauben, das Fell eines Widders, das mystische Kräfte besaß. Mit seinen Reisegefährten, den Argonauten, baute Jason das sagenhaft schnelle Schiff „Argo“ und wurde von der Königstochter Medea unterstützt. Die Argonauten brachten den Edelfasan wegen seines bunten Gefieders von der Landschaft Colchis mit nach Griechenland. Daher sein Name: Colchicus colchicus. – Von den Griechen gelangte er zu den Römern, die den Fasan auch als Speise schätzten. Wahrscheinlich wurde der ringlose Fasan von den Römern nach Deutschland und England gebracht. Frei lebende Fasane gab es zu diesen Zeiten in Westeuropa wahrscheinlich aber keine. „Fasanengarten“ nannte man die mittelalterliche Fasanenhaltung an Fürstenhäusern. In Deutschland verbreitete sich der ringlose Colchicus colchicus von Süden nach Norden. Im Jahr 1518, in der Renaissance, wurde der Torquatus-Ringfasan von Zentralasien nach Europa gebracht. Fürst Georg August von Nassau-Usingen bekam 12 Hennen und 3 Hahnen geschenkt. Sie bildeten den Grundstock für die spätere Fasanerie Wiesbaden, die von einem Fasanenmeister geleitet wurde.

Anfangs wurden die Tiere nur als Ziergeflügel verwendet, später auch zur Jagd. Die Haltung von Jagdfasanen war nur erlesenen Adeligen erlaubt, daher zählte der Jagdfasan bis Anfang des 20. Jahrhunderts zum Hochwild. Die Anlage einer Fasanerie gehörte zu einem besonderen Privilegium. Wilderer wurden sehr hart bestraft, das unrechtmäßige Erlegen eines Fasans konnte sogar zur Todesstrafe führen. Erst im 16. und 17. Jahrhundert erschien der Fasan als Jagdwild des österreichischen und böhmischen Adels.

Man unterscheidet mehr als 30 Unterarten des Edelfasans. Ihr ursprüngliches Verbreitungsgebiet erstreckt sich vom Kaukasus über Mittelasien bis nach Japan. Colchicus-Unterarten kommen in Vorder- und Mittelasien, Taiwan und Korea vor. Die Versicolor-Unterarten findet man in Japan.

Der Versicolor, auch „Buntfasan“ genannt, wurde 1840 von Japan nach Antwerpen gebracht. 1844 wurde der Colchicus mongolicus schon von dem deutschen Naturforscher und Arzt Johann Friedrich von Brandt beschrieben. Aber erst 1900 brachte Hagenbeck den „Mongolen“ nach Deutschland und England.

Die meisten Unterarten wurden zwischen 1870 und 1910 beschrieben, eingeführt und eingekreuzt. Insbesondere der Bau der Transsibirischen Eisenbahn (1891–1916) bot Möglichkeiten, exotisches Wild nach Europa zu bringen. Vor 1945 wurden vor allem folgende Fasanen zur Kreuzung eingesetzt: Colchicus-, Torquatus-, Mongolicus-, Formosa-, Tenebrosus- und Versicolor-Fasan.

Der dunkle Tenebrosus und der Isabell-Fasan, eine helle Variante aus Böhmen, die man in England „Böhmischer Jagdfasan“ nannte, wurden Ende des 19. Jahrhunderts aus dem Colchicus colchicus gezüchtet, es handelt sich also bei beiden um genetische Farbveränderungen und nicht um eigene Unterarten.

Gelegentlich wird von brütenden Hahnen berichtet. Wegen „Teufelswerk“ wurde daher 1424 in Basel ein „Eier legender Hahn“ zum Tode verurteilt. In Wahrheit war es eine hahnenfedrige Henne, was meist durch Veränderungen der Ovarien ausgelöst wird.

Farbabweichungen von reinweiß bis gescheckt kommen vor. Sie sind gelegentlich Ursache von Hybridisierung, man findet sie aber auch in der Natur.

In Mittelasien wurde der Edelfasan immer bejagt. In einem georgischen Märchen heißt es: „*... bald darauf trafen der Meister und sein Schüler auf eine Gesellschaft von Edelleuten, die sich auf Fasanjagd befanden. Die Edelleute jagten mit Falken, aber diese konnten die Fasanen nicht schlagen. Da verwandelte sich der Junge schnell in einen Jagdfalken und schlug einen Fasan in der Luft. Die Edelleute sahen dies und wurden fast närrisch vor Begeisterung über diesen Falken. Sie feilschten lange um den Preis. Schließlich einigte man sich. Gerne wollten die Jäger ihren neuen Falken bald auf einem Jagdflug sehen und ließen ihn auf den nächsten Fasan los. Der Falke schwang sich in die Luft und jagte den Fasan ein gutes Stück weit, bis ihn die Jäger nicht mehr sahen ...*“

Die Zeiten, in denen dem Fasan etwas Exotisches anhaftete, sind längst vorbei. Meist hat man seine ferne Herkunft vergessen. Denn der bunte Hühnervogel gehört mittlerweile seit vielen hundert Jahren zu unserer Kulturlandschaft, ist Teil von ihr und hat das Klischee des asiatischen Fremdlings längst abgelegt. Vielleicht kann dieses Buch einen kleinen Beitrag dazu leisten, dass dieser faszinierende Vogel uns auch in Zukunft erhalten bleibt ...

– Ende –

Die Unterarten

Es werden zwei Arten Edelfasane unterschieden: Colchicus und Versicolor. Diese zwei Arten werden in 33 Unterarten unterschieden, die meistens durch hohe Gebirge und große Wüstenregionen voneinander getrennt leben.

Edelfasane können auch in verschiedene Gruppen aufgeteilt werden: Schwarzhalsfasan, Weißflügelfasan, Kasachstanfasane, Olivbürzelfasane, Graubürzelfasane und Buntfasane.

In den europäischen Revieren findet man meistens eine Mischform zahlreicher Unterarten. Zu Beginn des 18. Jahrhunderts gab es nahezu ausschließlich den ringlosen Colchicus-Fasan, nach Importen von Torquatus und Mongolicus wurden diese beiden Arten eingekreuzt. Der weiße Halsring ist als dominantes Erbmerkmal häufig erkennbar.

„Kanadischer Riese“, „Heckenbrüter“, „Grünrücken“ und „Quintex-Fasan“ sind Beispiele für andere Mischformen. Für europäische Reviere eignen sich am besten die seit Jahrhunderten vorhandenen Jagdfasane. Es gibt keine Unterart, die besonders für ein bestimmtes Revier geeignet wäre.

In einigen Gebieten mit reinrassigen Beständen wurden Fasane zur Jagd aus Fasanerien ausgesetzt. Diese hybriden Jagdfasane kreuzen sich mit den reinrassigen Edelfasanen. Unkontrollierte Jagd, Kriege, Klimaveränderungen, landwirtschaftliche Intensivierung und vieles mehr sorgen ebenfalls für einen starken Rückgang der Unterarten des Edelfasans.

Offene Steppen oder Wüsten sind kein Lebensraum für den Fasan, wohl aber Flussläufe und Oasen, daher leben meistens die Unterarten entlang von Flüssen, wo sie Nahrung und Deckung finden. Das bevorzugte Klima ist kontinental mit trockenen Sommern und kalten Wintern.

Auf den nun folgenden Seiten sind fast alle der heute bekannten Unterarten abgebildet.

Nördlicher Kaukasus-Fasan

auch: Nordkaukasus-Fasan
englisch: Northern Caucasus Pheasant
Phasianus colchicus septentrionalis Lorenz (1888)
(nach lat. „septentrionalis“, bedeutet „nördlich“)

Aussehen: Schwarzhalsfasan,
Gefieder mit rötlichem Goldfarbton

Verbreitung: Krasnodar, Petrowskaja,
Restvorkommen auf der Krim (Russland)

Klima: submediterran, Sommer 15 bis 30 °C,
Winter 3 bis –4 °C

Rion Kaukasus-Fasan

auch: Böhmischer Fasan oder Colchicus-Fasan
englisch: Rion Caucasian Pheasant
Phasianus colchicus colchicus Linnaeus (1758)
(nach der Region „Colchis“, Mingrelia, im westlichen Kaukasus)

Aussehen: Schwarzhalsfasan, dunkel kupferfarbenes,
purpurfarbenes rotes Gefieder

Verbreitung: Rion-Fluss, Georgien, Dagestan (Russland)

Klima: mild, trockene Sommer und Winter,
Winter bis –20 °C

Talisch Kaukasus-Fasan

auch: Phasianus persicus talyschensis
englisch: Talisch Caucasian Pheasant
Phasianus c. talischensis Th. C. Lorenz (1888)
(nach der Region Talisch)

Aussehen: Schwarzhalsfasan, oberer Brustbereich violett berandet

Verbreitung: Nunakaran, Iran

Klima: kontinental, heiße Sommer bis 25 °C,
kalte Winter bis –7 °C

Persischer Fasan

auch: Phasianus shawi Elliot oder Phasianus komarowi Zarudny
englisch: Persian Pheasant
Phasianus colchicus persicus Sewertzow (1874)
(nach dem Ort lat. „persicus", Persien)

Aussehen: Schwarzhalsfasan, isabellfarbene Federn im mittleren Flügelbereich

Verbreitung: Turkestan im Sunt Hasardag Reservat und in Kara Kala, Galugah, Nordiran

Klima: kontinental, heiße Sommer und kalte Winter mit bis –15 °C

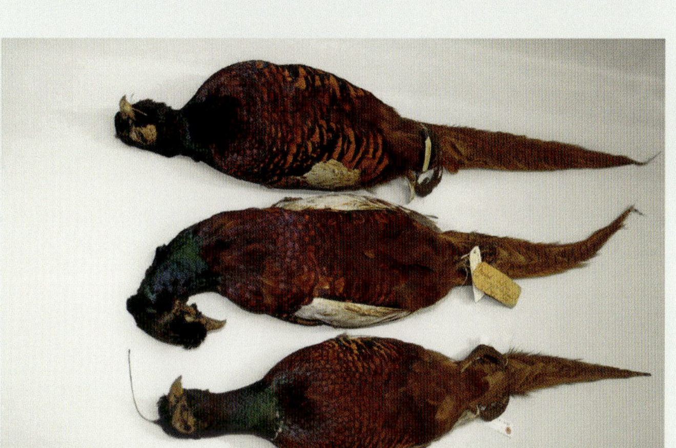

Prince-of-Wales-Fasan

auch: Phasianus komarowii Bogdanow
englisch: Prince of Wales' Pheasant
Phasianus c. principalis Dr. P. L. Sclater (1885)
(nach dem Prince of Wales)

Aussehen: Weißflügel, helle Flügelfedern, Rumpf bronze-rot

Verbreitung: Mary, Turkmenistan

Klima: kontinental, trockene heiße Sommer und kalte Winter

Zarudny's Fasan

auch: Amu-Darja-Fasan oder Sarudny-Fasan
englisch: Zarudny's Pheasant
Phasianus colchicus zarudnyi Burtulin (1896)
(nach dem russischen Sammler und Reisenden Zarudny)

Aussehen: Weißflügelfasan, meistens ohne Halsring

Verbreitung: Usbekistan, Region von Buchara

Klima: trockenes Steppenklima, im Sommer 25 °C im Schnitt, im Winter 1 °C

Chiwa Fasan

auch: Phasianus oxianus Sewertzow
englisch: Khivan Pheasant
Phasianus colchicus chrysomelas Sewertzow (1874)
(griechisch „chrysos“ gold und „melas“ schwarz, die Oase von Khiva (Chiwa) am Aralsee)

Aussehen: Weißflügelfasan, ähnlich dem Bianchi, aber Rückenseite etwas dunkler

Verbreitung: Karakalpakistan, durch Austrocknung des Aralsees vom Aussterben bedroht

Klima: Halbwüstenklima, im Juli/August 28 °C, im Winter –5 °C

Yarkand-Fasan

auch: Shawfasan oder Phasianus insignis Elliot
englisch: Yarkand Pheasant
Phasianus colchicus shawi Elliot (1870)
(nach dem englischen Entdecker Robert Shaw, der die Region Yarkand früh bereiste)

Aussehen: Weißflügel, Flügelfedern mit blaßgelber Farbe, Henne relativ hell

Verbreitung: Yarkand-Region, Xinjiang, China, westlich der Takla Makan-Wüste

Klima: Wüstenklima, Sommer 25 °C im Schnitt, Winter –5 °C im Schnitt

Zerafshan Fasan

auch: Serafschan-Fasan
englisch: Zerafshan Pheasant
Phasianus c. zerafshanicus Leutnant Tarnovski (1891)
(nach dem Tal von Zerafshan am Zerafshan-Fluss)

Aussehen: Weißflügel, Halsring, etwas heller als der Zarudny

Verbreitung: Zerafshan-Region, nahe Samarkand (Stadt der Seidenstraße), Usbekistan

Klima: kontinentales Wüstenklima, trockene Sommer 18 bis 34 °C, Winter –3 bis 6 °C

Bianchi's Fasan

auch: Tadschikistan-Fasan
englisch: Bianchi's Pheasant
Phasianus colchicus bianchii Burtulin (1904)
(nach dem russischen Ornithologen Dr. V. L. Bianchi)

Aussehen: Weißflügelfasan, breite schwarzgrünliche Endbinden auf der Brust, kein Halsring

Verbreitung: Tadschikistan am Amu Darja und Pjandsch-Flusses, Termiz, Surxondaryo

Klima: kontinental, mit trockenen heißen Sommern und mildfeuchten Wintern

Kirgisischer Fasan

auch: Mongolischer Fasan oder Kasachstan-Fasan
englisch: Kirghiz-Pheasant
Phasianus colchicus mongolicus Brandt (1844)
(nach dem Verbreitungsgebiet „Mongolei")

Aussehen: keine Federohren, Kirghiz-Gruppe

Verbreitung: Nord-Kirgisistan, Süd-Ost-Kasachstan, Üschtöbe, Almaty

Klima: kontinental, Sommer 20 bis 30 °C, Winter –9 °C bis 0 °C

Syr-Daria Ringfasan

auch: Phasianus mongolicus bergii
englisch: Syr-Daria Pheasant
Phasianus colchicus turcestanicus Lorenz (1996)
(nach der Region Turkestan, Syr-Daria-Fluss)

Aussehen: Halsring, kaum Federohren, violetter Hals, dunkler als Mongolicus, Kirghiz-Gruppe

Verbreitung: am Syr-Darja, Shieli, Qysylorda

Klima: Sommer 20 bis 35 °C, Winter –3 bis 6 °C

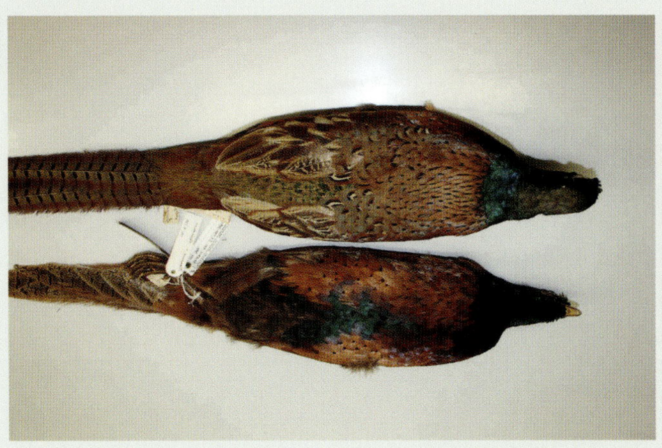

Tarim Fasan

auch: Phasianus tarimensis Przewalski
englisch: Tarim Pheasant
Phasianus colchicus tarimensis Pleske (1883)
(nach dem Fluss Tarim)

Aussehen: Olivbürzel-Gruppe, oliv-grüner Bürzel, ähnelt dem Shawi

Verbreitung: am Tarim-Fluss nördlich der Takla Makan-Wüste, China

Klima: Wüstenklima, Jahresdurchschnitt 24 °C

Kobdo Fasan

auch: Hagenbeck-Fasan
englisch: Kobdo Pheasant
Phasianus colchicus hagenbecki Rothschild (1901)
(nach dem deutschen Tierhändler Carl Hagenbeck)

Aussehen: Graubürzel, ähnelt sehr dem „Pallasi“, aber ohne Wangenfleck

Verbreitung: Rand der westlichen Mongolei, im Kobdo-Tal, Chowd

Klima: 25 °C im Sommer, trockene Winter bis –25 °C

Satschu-Ringfasan

auch: Phasianus satscheunensis Przewalsky
englisch: Satchu Oasis Pheasant
Phasianus colchicus satscheuensis Pleske (1892)
(nach der Satchu-Oase, einem Verbreitungsort)

Aussehen: Graubürzel (bläulich), Halsring, relativ hell im Gefieder, Henne relativ hell

Verbreitung: Jiuquan, Nord-Gansu, China

Klima: kontinental, trockene Sommer bis 30 °C, kalte Winter bis –15 °C

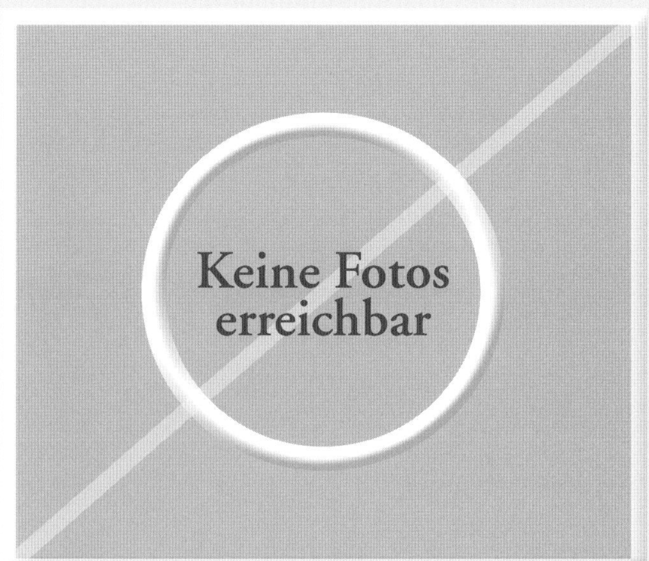

Gobi-Ringfasan
auch: Gobifasan
englisch: Gobi Ring-necked Pheasant
Phasianus colchicus edzinensis Sushkin (1926)
(nach seinem Verbreitungsgebiet am Edsin Gol-Fluss)

Aussehen: Graubürzelfasan, Halsring

Verbreitung: am Edzin-Gol, Rand der südlichen Mongolei an Oasen der Gobi

Klima: Wüstenklima

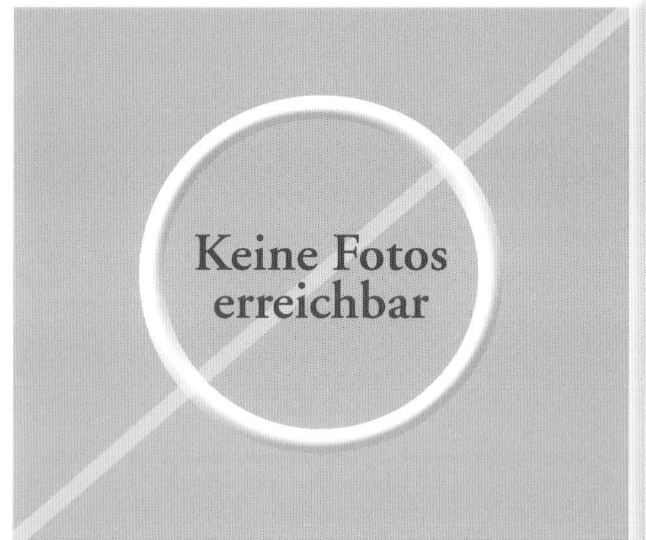

Phasianus colchicus sohokotensis Buturlin (1908)

Keine aussagekräftigen Angaben,
möglicherweise identisch mit P. c. alaschanicus

Alaschan-Ringfasan
auch: Alaschan-Fasan
englisch: Alashan Pheasant
Phasianus colchicus alaschanicus Bianchi (1907)
(nach seinem Verbreitungsgebiet,
Alashan-Wüste – Teil der Gobi-Wüste)

Aussehen: Graubürzelfasan, Halsring

Verbreitung: östlicher Teil des Helan-Gebirges, Helan Yinchuan, China

Klima: im Sommer bis 30 °C,
trockene Winter bis –14 °C

Tsaidam Fasan

auch: Vlangal-Fasan
englisch: Tsaidam Pheasant
Phasianus colchicus vlangalii Przewalski (1876)
(nach M. E. Vlangali, einem russischen Botschafter in China)

Aussehen: Graubürzel, Halsbereich violett gefärbt

Verbreitung: östliches Qaidam-Becken in der chinesischen Provinz Qinghai, westlich des Qinghai-Sees

Klima: kontinental, mit kurzen Sommern und langen Wintern

Strauch's Fasan

amerikanisch: Sichuan
englisch: Strauch's Pheasant
Phasianus colchicus strauchi Przewalski (1876)
(nach dem Akademiker M. Strauch)

Aussehen: Graubürzel, violett-grüne Ränder im Brustbereich, mit und ohne Halsring

Verbreitung: Region um Shaanxi, Baoji, China

Klima: gemäßigt, Sommer 20 bis 30 °C, Winter 5 bis –3 °C

Schansi-Ringfasan

auch: Shansi-Fasan
englisch: Shansi Pheasant
Phasianus colchicus kiangsuensis Buturlin (1904)
(nach seinem Verbreitungsgebiet)

Aussehen: Graubürzel, blau-grauer Bürzel, schmaler Halsring

Verbreitung: Region Yangquan, China

Klima: gemäßigt warm, im Jänner 6,5 °C im Schnitt, im Juli 30 °C im Schnitt

Sungpan-Fasan
auch: Sichuan-Fasan
englisch Sungpan-Pheasant
Phasianus colchicus suehschanensis Bianchi (1906)
(nach seinem Verbreitungsgebiet)

Aussehen: Graubürzel, kein Halsring, Bürzel blau-grau, Henne relativ dunkel

Verbreitung: Sungqu (Songpan) in Sichuan, China

Klima: regenreiche Region, Sommer 20 bis 30 °C, Winter 11 bis 20 °C

Stone-Fasan
auch: Phasianus sladeni Anders
englisch: Stone's Pheasant
Phasianus colchicus elegans D. G. Elliot (1870)
(nach lat. „elegans", elegant, anmutig, graziös)

Aussehen: grüngrauer Bürzel, kein Halsring, dunkles Brustgefieder, Henne dunkel

Verbreitung: Puer/Yunnan, China, Lincang Region

Klima: mildes Klima, Sommer 25 °C im Schnitt, Winter 10 °C im Schnitt

Kweichow Fasan
auch: Phasianus colchicus decollatus Hartert
englisch: Kweichow Pheasant
Phasianus colchicus decollatus Swinhoe (1870)
(nach dem Aussehen, decollatus, d. h. ohne Halsring)

Aussehen: Graubürzel, ähnelt dem Torquatus, aber der weiße Halsring fehlt gewöhnlich

Verbreitung: chinesische Provinz von Kweichow (Guizhou)

Klima: subtropisch feucht, Sommer bis 25 °C, Winter bis 3 °C

Rothschild-Fasan

englisch: Rothschild's Pheasant
Phasianus colchicus rothschildi La Touche (1922)
(nach dem 2. Baron Rothschild, einem Zoologen)

Aussehen: Graubürzel, kein Halsring, kleiner Fasan

Verbreitung: westlich von Honghe, China

Klima: warm, Sommer 26 °C im Schnitt,
viel Niederschlag, Winter 15 °C

Tonkin-Ringfasan

auch: Tonkin-Fasan
englisch: Tonkinese Ring-necked Pheasant
Phasianus colchicus takatsukasae Delacour (1927)
(nach seinem Verbreitungsgebiet)

Aussehen: Graubürzel, Stoß mit breiter schwarzer Bänderung,
blau-grauer Bürzel

Verbreitung: Guangxi Provinz, China

Klima: subtropisch, Sommer 28 °C im Schnitt,
Winter 13 °C

Chinesischer Ringfasan

auch: Torquatus-Fasan oder Reisfasan
englisch: Eastern Chinese Ring-necked Pheasant
Phasianus colchicus torquatus Gmelin (1788)
(nach lat. „torquatus", mit einem Halsring versehen)

Aussehen: Graubürzelfasan, Flügeldecken hell isabellfarben,
weißer Halsring

Verbreitung: östliches und südöstliches China,
nördlich von Peking, Region Jiangxi

Klima: subtropisch und feucht, Jänner 3 bis 9 °C,
Sommer 25 bis 30 °C

Formosa Ringfasan

auch: Taiwan-Fasan
englisch: Formosan Ring-necked Pheasant
Phasianus colchicus formosanus Elliot (1870)
(nach dem Verbreitungsgebiet, Formosa, Taiwan)

Aussehen: Graubürzelfasan, ähnelt dem Torquatus, aber Blässe an der Flanke (helles Schild)

Verbreitung: Ost-Taiwan, Taitung und Hualien, Kenting National Park

Klima: subtropisch, Jänner 14 °C im Schnitt, Juli 28 °C im Schnitt

Korea-Ringfasan

auch: Phasianus torquatus Taczanowski
englisch: Corean Pheasant
Phasianus colchicus karpowi Buturlin (1904)
(nach dem russischen Naturforscher A. W. Karpow)

Aussehen: Graubürzelfasan, dunkles Auge mit brauner Iris, breiter Halsring

Verbreitung: überall in Korea

Klima: gemäßigt, sehr trockene kalte Winter, im Schnitt –8 °C, warme Sommer um 25 °C

Mandschurischer Ringfasan

auch: Ussurischer Fasan
englisch: Manchurian Ring-necked Pheasant
Phasianus colchicus pallasi Rothschild (1903)
(nach P. S. Pallas, deutscher Naturkundeforscher und Reisender)

Aussehen: Graubürzel, weißer Wangenfleck, breiter durchgehender Halsring

Verbreitung: nördliche und zentrale Mandschurei (Nordost-China), Changchun/Jilin

Klima: feuchtwarme Sommer 15 bis 27 °C, kalte und trockene Winter –10 bis –20 °C

Nördlicher Buntfasan

auch: Nördlicher japanischer Fasan
englisch: Northern Green Pheasant
Phasianus vesicolor robustipes Kuroda (1919)
(nach lat. „robustus“, kräftig, und „pes“, der Fuß)

Aussehen: dunkelgrün-metallic Bürzel grau, kleiner als Colchicus, heller als V. versicolor

Verbreitung: Japan, Insel Honshu, Takasaki, Okayama

Klima: gemäßigt warm, Jänner 3 bis 4 °C und im Juni 26 bis 28 °C im Schnitt

Südlicher Buntfasan

auch: Versicolor oder Kiji (japanischer Nationalvogel)
englisch: Southern Green Pheasant
Phasianus versicolor versicolor Vieillot (1825)
(nach lat. „versicolor“, vielfarbig, schillernd, die Farbe wechselnd)

Aussehen: dunkelbronzegrünes Mantel- und Brustgefieder, kleiner als Colchicus

Verbreitung: Japan, Kyushu, Kumamoto

Klima: kontinental warm, Jänner 1 bis 10 °C, August 24 bis 33 °C

Pazifischer Buntfasan

auch: Pazifik-Fasan
englisch: Pacific Green Pheasant
Phasianus colchicus tanensis Kuroda (1919)
(nach seinem Verbreitungsgebiet)

Aussehen: kleinste aller Unterarten

Verbreitung: Japanische Inseln, Osumi-Inseln, Tanegashima, Izu-Inseln,

Klima: subtropisch, Sommer 20 bis 30 °C, Winter –4 bis 2 °C

Tenebrosus-Fasan

auch: Phasianus mut. Tenebrosus oder Dunkelfasan
Phasianus c. mut. tenebrosus Hachisuka (1927)
(nach lat. „tenebrosus“, dunkel)

Mutation entstanden aus dem Colchicus colchicus. Wahrscheinlich um 1880 in Norfolk, England, gezüchtet und keine Unterart und keine Zuchtform aus dem japanischen Vesicolor. Genetische Veränderung, die zu der melanistischen Zuchtform geführt hat.

Aussehen: sehr dunkle Hahnen, Hennen dunkelbraun,
Küken ebenfalls tief dunkelbraun gefärbt,
teils mit weißlichen Flecken, Streifenzeichnung fehlt

Vorkommen: Gebiete, in denen er ausgesetzt wurde,
etwa in Europa und Amerika

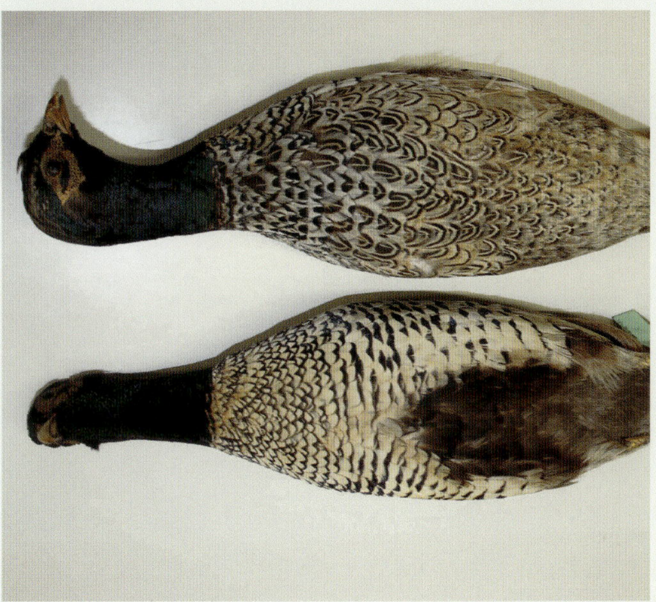

Böhmischer Fasan

auch: Türkischer Fasan oder Isabell-Fasan

Ein in Böhmen um das Jahr 1900 aus dem Colchicus colchicus gezüchteter Fasan, der in großen Mengen nach England importiert wurde. Auffallend ist seine helle Farbe.

Hahnenfedrige Henne

Henne mit Hahnengefieder,
Ursache ist meist eine Hormonstörung

Edelfasan-Gruppen

Schwarzhals-Gruppe:	1 Phasianus colchicus septentrionalis, 2 P. c. colchicus, 3 P. c. talischensis, 4 P. c. persicus
Weißflügel-Gruppe:	5 P. c. principalis, 6 P. c. zarudnyi, 7 P. c. chrysomelas, 8 P. c. shawi, 9 P. c. zerafschanicus, 10 P. c. bianchii
Kasachstan-Gruppe:	11 P. c. mongolicus, 12 P. c. turcestanicus
Olivbürzel-Gruppe:	13 P. c. tarimensis
Graubürzel-Gruppe:	14 P. c. hagenbecki, 15 P. c. satscheuensis, 16 P. c. edzinensis, 17 P. c. sohokotensis, 18 P. c. alaschanicus, 19 P. c. vlangalii, 20 P. c. strauchi, 21 P. c. kiangsuensis, 22 P. c. suehschanensis, 23 P. c. elegans, 24 P. c. decollatus, 25 P. c. rothschildi, 26 P. c. takatsukasae, 27 P. c. torquatus, 28 P. c. formosanus, 29 P. c. karpowi, 30 P. c. pallasi
Buntfasan-Gruppe:	31 P. v. robustipes, 32 P. v. versicolor, 33 P. v. tanensis

Christoph Schraven,
Jahrgang 1968, ist Arzt und lebt in Nettetal. Von Kindheit an vom Fasan fasziniert und mit diesem Vogel aufgewachsen. Später intensives Studium des Fasans nicht nur durch eigene Anschauung, sondern auch durch alte und neue Fachliteratur aus dem deutschen und englischen Sprachraum.
Nicht nur Jäger, sondern auch Falknerprüfung und Fallenprüfung. So lernte er auch die Fressfeinde des Fasans ausführlich kennen. Mitglied der „World Pheasant Association", die sich mit den Unterarten des Jagdfasans beschäftigt. Im Museum zu Tring in England fotografierte er Jagdfasanbälge – dort gibt es die größte und älteste Fasanenausstellung.

Weitere Wildbände

BILDBÄNDE

Gams – Bilder aus den Bergen

Von G. Greßmann, V. Grünschachner-Berger, T. Kranabitl und H. Zeiler.
160 Seiten, mehr als 200 Farbfotos.
Preis: 49.- Euro

Einzigartige Fotos, gepaart mit kurzen klaren Texten, gewähren spannende, oft auch überraschende Einblicke in das Leben der Gams.

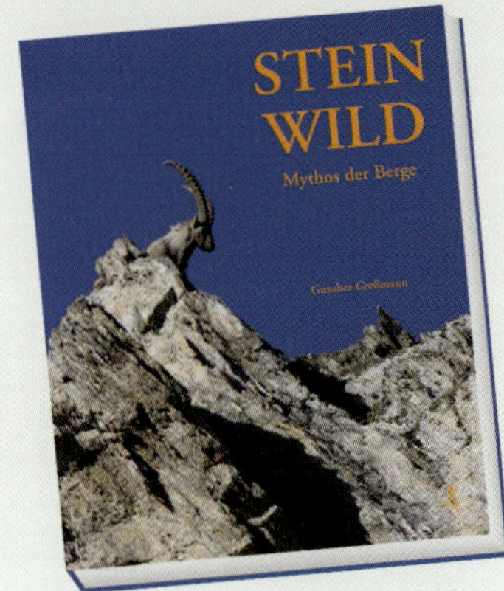

Steinwild – Mythos der Berge

Von Gunther Greßmann.
192 Seiten, mehr als 300 Farbfotos.
Preis: 49.- Euro

Sagenhafte Bilder von einem sagenhaften Fotografen von einem sagenumwobenen Tier. Bilder, die man noch nie gesehen hat. Und auch nie sehen wird. Außer in diesem Buch.

Auerwild – Die Hahnen vom Rosenkogel

Von Helmut Fladenhofer
160 Seiten, mehr als 250 Farbfotos.
Preis: 49.- Euro

Der legendäre Hahnenförster vom steirischen Rosenkogel legt seine Foto-Archive offen und zeigt das Auerwild von seinen besten Seiten!

Österreichischer Jagd- und Bilderei-Verlag
1080 Wien, Wickenburggasse 3
Tel. +43/1/405 16 36, Fax +43/1/405 16 36/59
E-mail: verlag@jagd.at
Internet: www.jagd.at

BILDBÄNDE

Bären

Von Jaroslav Vogeltanz und Paolo Molinari.
176 Seiten, mehr als 300 Farbfotos.
Preis: 49.- Euro

Der Fotoband „Bären" spürt in einzigartigen Bildern der Faszination Bär nach und zeigt ihn in den unterschiedlichsten Lebenslagen. – Ein Meisterwerk!

Wölfe

Von Jaroslav Vogeltanz und Paolo Molinari.
128 Seiten, mehr als 200 Farbfotos.
Preis: 39.- Euro

Der Wolf kehrt zurück. Doch wer kennt ihn wirklich noch? – Sensationelle Fotos und knappe, hochinformative Texte zeigen den Wolf so, wie er ist.

Luchse

Von Jaroslav Vogeltanz und Jaroslav Cerveny.
128 Seiten, mehr als 130 Farbfotos.
Preis: 39.- Euro

Herausragende Luchsfotos und traumhafte Landschaftsbilder – mit kurzweiligen und kenntnisreichen Texten, mit welchen der Luchs sich selbst vorstellt.

Österreichischer Jagd- und Bilderei-Verlag
1080 Wien, Wickenburggasse 3
Tel. +43/1/405 16 36, Fax +43/1/405 16 36/59
E-mail: verlag@jagd.at
Internet: www.jagd.at